世界主流马种鉴赏

易仁帅　编著

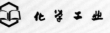

化学工业出版社
·北京·

图书在版编目（CIP）数据

世界主流马种鉴赏 / 易仁帅编著 . —北京：化学
工业出版社，2024.3
ISBN 978-7-122-45186-6

Ⅰ.①世… Ⅱ.①易… Ⅲ.①马—品种—鉴赏 Ⅳ.
① S821.8

中国国家版本馆 CIP 数据核字（2024）第 044951 号

责任编辑：邵桂林
责任校对：宋　夏
装帧设计：关　飞

出版发行：化学工业出版社
　　　　　（北京市东城区青年湖南街 13 号　邮政编码 100011）
印　　装：北京宝隆世纪印刷有限公司
889mm×1194mm　1/16　印张 6　字数 166 千字
2024 年 4 月北京第 1 版第 1 次印刷

购书咨询：010-64518888
售后服务：010-64518899
网　　址：http://www.cip.com.cn
凡购买本书，如有缺损质量问题，本社销售中心负责调换。

定　　价：128.00 元　　　　　　版权所有　违者必究

前言

中国马文化历史悠久，自新石器时代人类首次将马驯化以来，马就伴随着人类文明的发展一直至今。在不同时期马所扮演的角色各有不同，在科技与经济蓬勃发展的现在，马在休闲娱乐和竞技体育中为更多人所熟知。自2008年中国国家马术队登上奥运会的舞台之后，中国马术运动便进入了高速发展阶段。在国家政策的指导和行业机构的推动下，速度赛马、马场马术、马球等各类与马相关的运动在祖国大地百花齐放；马术进校园、马术联赛、马术夏令营等各式各样的活动也正相继出现在人们的日常生活之中。如今越来越多的人开始知道马、认识马并接触马。

随着我国与马接触的人群日益增多，人们对于了解马的需求也在逐渐加深。鉴于此，笔者编写了本书。全书以马匹气质类型为分类依据，按热血马、温血马、冷血马和野马四大类介绍世界主流马种；按历史由来、身材特征、性格特点和主要用途为撰写逻辑，结合马的进化历程、身体结构，以及目前主流马的相关运动，全面细致地向读者展现马匹本身、马文化和马运动。帮助读者更好地了解马、识别马、鉴赏马。

由于水平所限，加之编写时间较紧，书中定有不妥或不完善之处，敬请广大同行专家批评指正，以便在将来再版修订。

编著者

目录

第一章
马的起源与进化

马科动物最早出现在距今 5600 万至 3390 万年前的始新世早期，是一种有蹄的植食性（以树叶为主）哺乳动物，被称为始祖马（Eohippus）。根据从北美洲和欧洲出土的化石显示（图 1-1），始祖马肩高约 42.7～50.8 厘米，相较于现代马匹而言体格极小。始祖马脚上长有肉垫，前脚四趾，后脚三趾，与现代没有肉垫的单趾马有着极大的不同。头骨的口鼻处没有现代马的大和灵活，头盖骨的大小和形状表明，它们的大脑比现代马的大脑要小得多，结构也不复杂（图 1-2）。

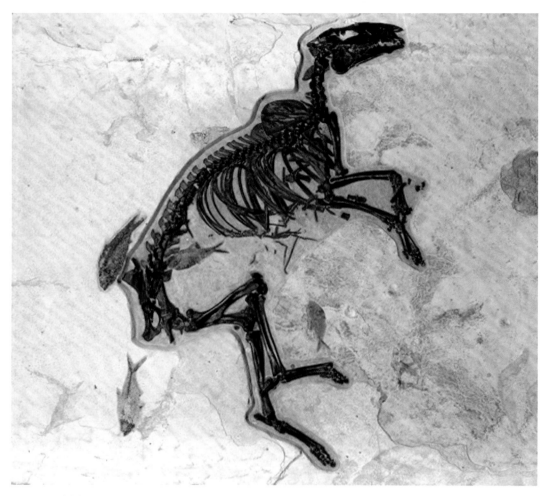

图 1-1　始祖马化石

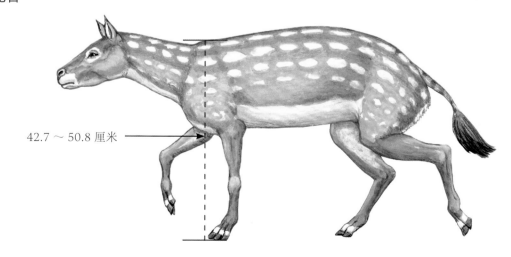

42.7～50.8 厘米

图 1-2　始祖马

在距今 3390 万至 2300 万年前的渐新世，现代马的另一个重要的祖先渐新马（Mesohippus）（图 1-3）在北美大陆出现。它比始祖马长得更像现代马，体格更大，平均肩高达 61 厘米，口鼻部近似现代马，四肢更加细长。渐新马的脑部更大，前肢的第四个脚趾开始退化。渐新世末期，渐新马进化成更大的中新马（Miohippus）（图 1-4），其后代分化成不同分支，其中一个分支称为化石马（Anchitheres），从北美洲穿过白令海峡大陆桥进入欧亚大陆。

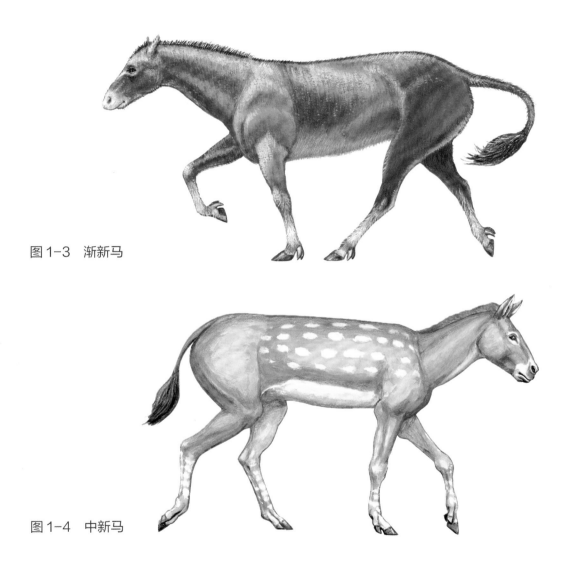

图 1-3　渐新马

图 1-4　中新马

中新马的另一个分支副马（Parahippus）（图 1-5）出现在中新世早期。副马与其后代的牙齿已经能够适应吃草，这是一个标志性转变。这时的北美平原遍地是草，为副马提供了充足的食物供给。相较多汁的树叶，草的质地要粗糙许多，对于牙齿的结构要求也大不相同。副马的颊齿（前臼齿和臼齿）发育得更大、更强壮，并适应了研磨草叶所必需的下颌左右运动。副马的每颗牙齿都有一个非常长的牙冠，在年轻的动物身上，大部分都埋在牙龈线下。随着研磨动作对牙齿的磨损，被深埋的牙冠会向外生长，以保证动物的牙齿时刻都有充足的研磨面用于进食（图 1-6）。当然，与此同时它们的消化道也在为适应食草而改变。

图1-5　副马

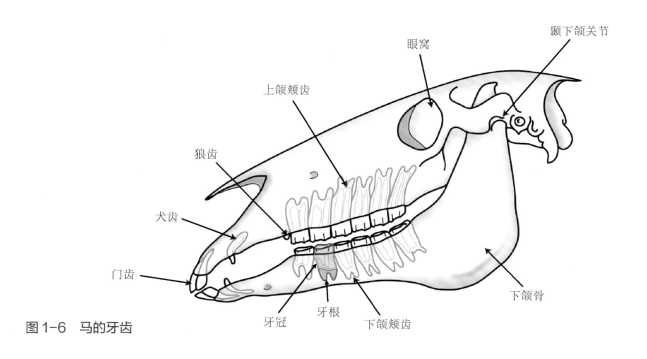

图1-6　马的牙齿

眼窝

颞下颌关节

上颌颊齿

狼齿

犬齿

门齿

牙冠　　牙根　　下颌颊齿

下颌骨

　　　　中新世中末期，副马进化至草原古马（Merychippus）（图1-7），它们的牙齿本质上完成了从植食性到草食性的转变。草原古马外形与现代矮马极为相似，它们体格更大，站立肩高达 1 米左右，头骨近似现代马。为适应高速奔跑，小腿上的长骨已融合在一起，所有的现代马都保留了这一结构。草原古马脚部仍然是三趾，但肉垫已经消失，两侧的脚趾变得非常小，中间的脚趾承受整个体重（图1-8）。强壮的韧带附着在蹄化的脚趾和小腿关节的骨头上，在脚接触地面后，提供一个类似弹簧的机制，推动弯曲的蹄肢向前。中新世末期，草原古马衍生出许多进化系，它们绝大多数都是三趾，其中一条系脉进化到了单趾，那就是上新马（Pliohippus）。上新马化石出现在北美上新世早期到中期的地层中 (上新世在约 530 万至 260 万年前)。

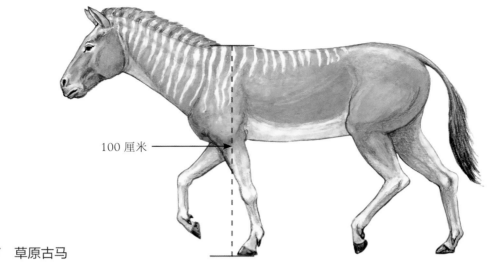

图1-7 草原古马

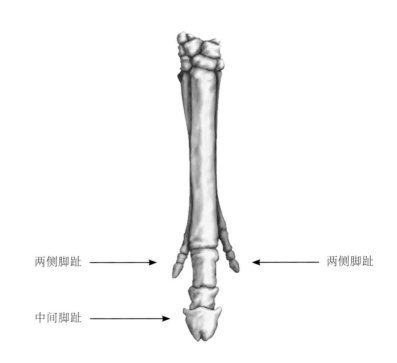

两侧脚趾 → ← 两侧脚趾

中间脚趾 →

图1-8 草原古马脚趾变化

　　真马（Equus），大约在400万到450万年前的上新世时期由上新世马进化而来，现代所有的马属动物，包括马、驴和斑马，都属于真马属。真马的脚部进化得更加强壮，颊齿变得更长更直。真马这一新形态的进化极为成功，在更新世（距今约260万至11700年）早期它们从北美平原开始分布到南美，并通过白令陆桥与大陆的连接进入欧亚和非洲，但在8000至10000年前，它们在北美和南美消失了。其原因尚无确切定论，有一种说法是当时出现了毁灭性的疾病，还有一种解释是由人类狩猎所致。后来，白令陆桥的沉没阻止了马从亚洲重返美洲的迁徙，直到16世纪初西班牙探险家的到来，才再次将马这个物种带回了它们曾经栖息的家园。

第二章
马的身体结构

马的身体结构精密且复杂，它由205块骨头和约700块肌肉构成。通常可以将马的身体分为前躯、中段和后躯三个部分（图2-1）。前躯主要包括头、脖颈、胸和前肢，中段以躯干为主包括腰、背、肋部和腹部，后躯包括尻部、尾巴和后肢。在三个部分中，马匹动力的主要来源是后躯。马的腕关节是其解剖学名称，从外貌上也可称之为前膝。马是前轻后重的动物，在站立状态下，其前肢承受60%的体重，后肢承受40%的体重。因为马的头部高度会随脖颈的姿势发生改变，为获得准确的身高数值，马匹身高的测量方法是让其正直站于地面，测量从鬐甲到垂直于地面的距离。

前躯

项　　颈脊

前额

口鼻部

颐凹　　咽喉

肘端

前臂

腕关节（前膝）

管部

系部

中段

后躯

肩部

鬐甲

背部

肋腹

腰

尻部

腰角

尾根

尾

胫部

飞端

管部

球节

系部

腹部

后膝关节

附蝉

距

蹄踵

蹄冠

蹄壁

图 2-1 马的身体结构

第三章
与马相关的运动

一、速度赛马（Horseracing）

速度赛马（图 3-1）是一项人马结合，骑师策骑马匹，以最快速度在赛道上完成规定途程的运动项目。速度赛马早在春秋时期的中国已经开始盛行，公元前 700—前 40 年的古希腊奥运会上出现了马车和骑马（无马鞍）比赛，现代速度赛马成形于 18 世纪的英国。速度赛马的比赛场地称为赛马场（Racecourse），马匹从闸箱（Starting Gate）出发开始比赛，通常满闸数是 14（即 14 对骑师和马匹参加比赛），策骑马匹的人员被称为骑师（Jockey）。速度赛马中比赛距离叫做途程，常见途程有短途赛（1000～1400 米）、中途赛（1600～1800 米）和长途赛（2000～3200 米）。骑师策骑马匹最先通过终点者即为冠军。

根据竞赛类型不同，可将速度赛马分为平地速度赛（Flat Racing）和障碍速度赛（Jump Racing）。平地速度赛在比赛过程中不设任何障碍，人马组合完成比赛即取得成绩。障碍速度赛是在平地赛的基础上增设障碍，骑师需策骑马匹在规定的途程中越过规定数量的障碍并完成比赛方可取得成绩。

全球范围内，纯血马（Thoroughbred）是速度赛马使用最广泛和最普遍的马种，它们也是世界上速度最快、价值最高的马种之一。在速度赛马中，除了对教练战术安排、骑师骑乘技巧有要求以外，对于马匹的速度、耐力以及爆发力都有着极高的要求。

图 3-1　速度赛马

二、马术场地障碍（Show Jumping）

马术场地障碍（图 3-2）是一项人马结合，赛场中骑手驾驭马匹在规定时间内按既定路线共同越过赛事所设系列障碍的运动。在比赛过程中，如果出现马匹不服从、碰落障碍或骑手落马等情况，人马组合将会受到相应的罚分或被淘汰。通常罚分越少成绩越靠前，在罚分相同的情况下用时短的名次靠前。

马术场地障碍起源于 18 世纪英国圈地法案生效之后，曾经可以自由猎狐的公共区域被一道道栅栏所分割，猎人们不得不驾驭马匹越过栅栏继续进行他们喜爱的猎狐运动，后逐渐发展成为现在为人所熟知的马术场地障碍。

马术场地障碍赛场可分为室内和室外两种。室内马术场地障碍比赛场地不得小于 1200 平方米，最短边不短于 25 米；室外场面积不小于 4000 平方米，最短边不短于 50 米。比赛路线由专业路线设计师设计，设计路线时需要考虑场地条件、人马水平、路线的合理性和安全性。常见的障碍类型包括：垂直障碍、组合障碍、关联障碍、水障碍、利物浦等。

马术场地障碍考验了人马协同工作能力，对马匹的力量、速度、技巧以及服从性有着较高的要求，温血马是如今使用最为广泛的马术场地障碍用马。

图 3-2 马术场地障碍

三、盛装舞步（Dressage）

盛装舞步（图3-3）被誉为马术训练的最高展现，是马术运动当中最具艺术感的项目。盛装舞步是一项人马结合，在20米×60米的场地中骑手驾驭马匹在规定的时间内，伴随音乐展现一系列马匹动作和步态的运动。

关于盛装舞步的记载最早可追溯到公元前350年的古希腊，当时雅典的史学家色诺芬在其《论骑术》（On Horsemanship）一书中就曾提到盛装舞步的概念。但在16、17世纪，盛装舞步仅仅只是一种艺术形式，直到19世纪才真正发展成为一项专业马术运动。1912年盛装舞步首次以个人赛形式出现在奥运赛场。

盛装舞步要求马匹能够达到平衡、柔软和服从的要求。其中收缩是最重要的一个方面，马匹的步伐被缩短和抬高，通过将平衡后移让后躯发力，在有限的空间当中展现其灵活和优美的姿态。

常见的盛装舞步动作包括缩短慢步、伸长漫步、空中换腿、蛇形、偏横步、斜横步、后肢旋转、正步、原地踏步等。高水平盛装舞步马除了需要经过大量的训练以外，自身同时还需具备良好的性格和出色的运动能力，常见的舞步马种有瑞典温血马、威斯特法伦马、利比扎马、汉诺威马、特雷克那马、弗里斯兰马等。

图3-3　盛装舞步

四、马术越野赛（Cross Country）

马术越野赛（图3-4）是骑手在广阔的赛场上策骑马匹在较长的路线上越过不同类型的障碍的一项运动。它与盛装舞步、场地障碍一并组成马术三项赛（Eventing），其中越野赛是最为激烈刺激的一个项目。

通常越野赛的距离在4000～6000米之间，包括24～36道障碍，这些障碍的造型通常会看起来比较自然，但偶尔也会设置一些奇特的造型用来考验马匹胆量。常见的越野赛障碍有徽标、堤岸、沟渠、石墙和水障。

越野赛考验的是骑手的适应能力、骑乘技巧和决策能力，同时也考验马匹的勇气、速度、力量和耐力。在比赛过程中如果出现马匹不服从、路线错误、骑手落马、超时等情况将会受到罚分和淘汰的处罚，比赛中罚分越少、用时越短的人马组合成绩越靠前。越野赛常用的马种包括汉诺威马、塞拉·法兰西马、霍士丹马等温血马种。

图3-4 马术越野赛

第四章
世界主流马种

一、热血马（Hot Blood Horse）

热血马在欧洲被广泛用于速度赛马，它们具有极高的速度和较好的耐力。目前仅有阿拉伯马和纯血马被官方认定为热血马种，但仍有一些其他马种也同样被认为是热血马。阿拉伯马被人类驯化历史悠久，但直到 17 世纪才传入欧洲大陆，随后通过与英国皇家母马进行配种，繁育出来目前价值最高、速度最快的马种——纯血马。常见的热血马包括：

- 纯血马（Thoroughbred）
- 阿拉伯马（Arabian）
- 阿哈尔捷金马（Akhi-Teke）
- 柏布马（Barb）
- 夸特马（Quarter Horse）

（一） 纯血马（Thoroughbred）

纯血马（图 4-1）起源于英国，主要用于速度赛马、速度障碍赛马和马术场地障碍。

17 世纪末至 18 世纪初，英国人为繁育出速度更快的马，将来自东方的三匹种公马拜耶尔土耳其、达利阿拉伯和高多芬阿拉伯与在查尔斯一世和查尔斯二世期间进口的 43 匹皇家母马进行配种，繁育所得的后代被称为纯血马。

纯血马头形优雅、体格强壮、胸腔宽大、背部紧凑，较短的股骨使其步伐更加舒展灵活。它们生性敏感，富有活力。成年纯血马平均肩高 163 厘米、体重 450 公斤。常见颜色包括骝色、栗色、棕色、黑色和青色。

纯血马后被引入到世界各地，因其出众的速度、爆发力和耐力，现被广泛用于世界高水平速度赛马赛事。

图 4-1
纯血马

（二）阿拉伯马（Arabian）

阿拉伯马（图 4-2）起源于公元前 3000 多年古老的阿拉伯半岛沙漠之中。

历经数千年严酷的沙漠气候和地势的洗礼与进化，如今的阿拉伯马因其出众的速度和耐力、美丽的身形、较高的智商和典雅的风范所闻名。

阿拉伯马体格紧凑，有着较小的头和身体，眼睛突出，鼻孔大，鬐甲高耸，背部较短，通常只有 23 根脊椎骨。平均肩高 152 厘米，体重在 360 ~ 450 公斤之间。它们腿部较短，马蹄精致。皮毛、尾巴和鬃毛如丝绸般柔顺，虽然会存在不同毛色，但主要以青色最为常见。

阿拉伯马常见于耐力赛场当中，紧凑的身体赋予其良好的平衡与爆发力，因此在众多马术比赛项目中都可以看到其身影。

图 4-2
阿拉伯马

（三）阿哈尔捷金马（Akhi-Teke）

阿哈尔捷金马（图 4-3）又名汗血宝马，起源于 1000 多年前的土库曼斯坦卡拉库姆沙漠。1881 年世界上第一个阿哈尔捷金马育马场正式成立。

阿哈尔捷金马平均肩高 142～163 厘米，体重 410～450 公斤。其身体偏窄，体态修长，毛发丝滑，焕发金属光泽，在众多马种中极具特色。阿哈尔捷金马皮肤较薄，汗腺发达，剧烈运动时汗水覆盖着皮肤下的血管，给人以"流血"的错觉，故而亦称之为汗血马。

曾经的土库曼斯坦游牧部落将阿哈尔捷金马主要用于交通运输，通过选择性繁育得到速度、耐力以及敏捷性俱佳的马匹。如今阿哈尔捷金马则更多地用于盛装舞步、场地障碍、耐力赛和休闲骑乘。

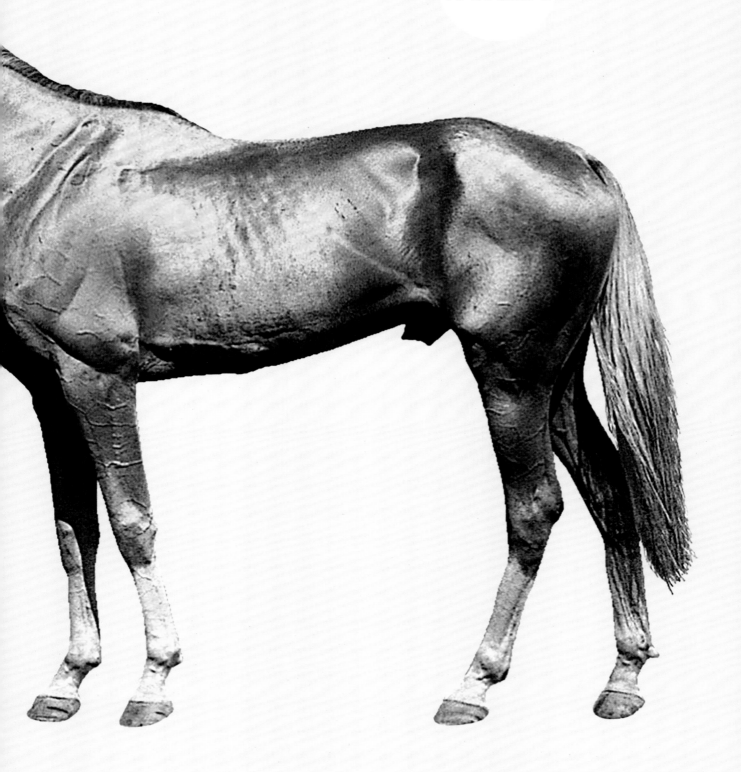

图 4-3
阿哈尔捷金马

（四）柏布马（Barb）

柏布马（图4-4）起源于公元8世纪非洲北部沿海一带。关于柏布马和阿拉伯马是源自于同一祖先或者阿拉伯马就是柏布马的前身，目前尚无确切定论，但可以肯定的是柏布马对于现代赛马的速度、耐力和爆发力有着较大的影响。

柏布马头长而狭窄，耳朵中等长度，鼻梁略微凸起，鼻孔位置较低，鬐甲高耸，前躯强壮，短背，臀部向下倾斜，四肢和马蹄结实有力，平均肩高147～157厘米，体重408～453公斤，平均寿命10～25岁。常见毛色有青色、黑色、骝色、棕色和栗色。

柏布马身体强壮，有着出色的速度、耐力和爆发力，早期用于速度赛马的繁育，后因其温柔的性格和较强的学习能力，在16世纪的欧洲多国用于盛装舞步的训练，现主要用于休闲骑乘和部分马术比赛。柏布马对当今的纯血马、北美野马、夸特马的繁育与发展都有着较大的影响。

图 4-4
柏布马

（五）夸特马（Quarter Horse）

夸特马（图4-5），美国历史最悠久的马种之一。在17世纪60年代由最早的殖民者使用西班牙本土马与在1610年左右进口到弗吉尼亚的英国马繁育而成。17世纪末期，因这种马在1/4英里（A quarter mile）速度赛上表现优异，故得名夸特马（Quarter Horse，音译夸特）。

如今的夸特马身体短且敦实，肌肉发育格外强壮，头大且短，胸腔深且宽。该马毛色种类多样，但都为单色。成年马匹平均肩高145～163厘米、体重431～544公斤。他们性情稳定，具有较好的服从性。

夸特马能够快速启动、转弯和停止，同时具备出众的短跑能力，现主要用于西部驭马术（Reining）、截牛（Cutting）、牧牛、绕桶赛（Barrel Racing），以及其他西部马术运动。它们同样也会被用于一些英式比赛项目，如马车驾驭赛（Driving）、场地障碍、盛装舞步等马场马术项目。

图 4-5
夸特马

二、温血马（Warmblood Horse）

温血马占马匹种类的大多数，由于当时人们对马的骑乘速度和劳作能力需求，将热血马和冷血马进行杂交繁育从而形成现在的温血马。现如今温血马已成为马场马术运动最炙手可热的马种。常见的温血马包括：

- 比利时温血马（Belgian Warmblood）
- 荷兰温血马（Dutch Warmblood）
- 汉诺威马（Hanoverian）
- 霍士丹马（Holsteiner）
- 爱尔兰运动马（Irish Sport Horse）
- 奥登堡马（Oldenburg）
- 塞拉·法兰西马（Selle Français）
- 特雷克那马（Trakehner）
- 安达卢西亚马（Andalusian）
- 利比扎马（Lipizzaner）
- 威斯特法伦马（Westphalian Horse）
- 瑞典温血马（Swedish Warmblood）
- 丹麦温血马（Danish Warmblood）
- 伊犁马（Yili Horse）

（一）比利时温血马（Belgian Warmblood）

比利时温血马（图 4-6）于 1937 年开始人工繁育，其基础马包括荷兰的格尔兰德马、德国的汉诺威马和法国的诺曼马。最初的繁育目的是用于农用骑乘，直到 1954 年才正式成为合法的工作骑乘用马，1955 年比利时温血马血统薄创立，致力于繁育具有较强运动能力的骑乘马匹。

比利时温血马的大小和体格各不相同，通常肩高在 162～173 厘米之间，常见的毛色有栗色、骝色、棕色、黑色和青色。鉴别比利时温血马最可靠的方法是看其左侧大腿部有无烙印，每一匹幼驹（不足 1 岁）都会在通过检查后烙上烙印，颁发护照，证明无明显缺陷。

比利时温血马精神、勇敢、温顺、友好，运动能力出众，是优秀的马术场地障碍马，在 2010 年国际马术联合会（FEI）的国际马术场地障碍马种排名中列第四，它同样也被广泛用于三日赛（Eventing）和盛装舞步（Dressage）。

图 4-6
比利时温血马

（二）荷兰温血马（Dutch Warmblood）

第二次世界大战以前，格尔兰德马和格罗宁根马是荷兰本土最为广泛使用的两种农用劳作马。第二次世界大战结束以后，机械化农业的发展使得人们对农用马的需求逐渐减少，育马者开始将繁育重心转为骑乘用马。以格尔兰德马和格罗宁根马为母本，引进纯血马、汉诺威马、霍斯丹马等其他欧洲马种进行改良繁育，从而得到了现在为人所熟知的荷兰温血马（图4-7）。

荷兰温血马形态优雅，身体比例均衡，修长且拱起的脖颈连同强壮的上肢，为其增加更强的运动能力，马匹前躯略高于后躯，四肢强壮有力，胸腔低深，肩胛骨角度适中，尻部肌肉发达。成年马平均肩高164～170厘米之间，平均体重650公斤。常见毛色包括黑色、骝色、栗色、棕色和青色。最长寿命可达30岁。

荷兰温血马勇敢、积极、友好、能吃苦、聪明、易于控制、反应敏捷，能适应多种用途。它们是优秀的马术场地障碍用马，在各顶级大奖赛上都能看到它们的身影。它们昂首挺胸、步伐轻盈，同样也是盛装舞步用马的不二之选。

图 4-7
荷兰温血马

(三) 汉诺威马 （Hanoverian）

汉诺威马（图 4-8）源自德国。1735 年，英格兰国王汉诺威选帝侯乔治二世在德国下萨克森州策勒市设立国立种马场，最初目的是繁育农用马、拉车马和战马。第二次世界大战结束以后，人们对马的需求由战争转为运动，育马者便引入纯血马、昂格鲁阿拉伯马和特拉肯纳种马对其进行繁育改良，此时现代汉诺威马基本成型。

汉诺威马头型高贵，眼睛清澈透亮，脖颈曲线优美，肩部强壮，肩胛骨自然倾斜，背部厚实有力，四肢修长笔直，管骨短而结实。常见毛色有栗色、骝色、黑色和青色。成年马平均肩高 160～175 厘米，平均体重 650 公斤。

汉诺威马性情稳定，注意力集中，有较强的学习能力。它步伐轻盈，富有弹力，修长的四肢赋予其更大的步幅，这些优点使其成为优秀的障碍马、越野马和舞步马。国际马术联合会（FEI）将其列为马术场地障碍最优秀的五大马种之一。

图 4-8
汉诺威马

（四）霍士丹马（Holsteiner）

霍士丹马（图 4-9）早在 13 世纪德国北部的石勒苏益格 - 荷尔斯泰因州开始被人工繁育，当时繁育目的主要用于农作和战争，它被认为是最古老的温血马种，距今已有近 800 年历史。20 世纪中期，人类对马匹的需求从农作转移到运动，育马者联合会购买了 30 匹霍士丹种公马，与英国纯血马和法国马进行改良繁育，得到如今更具运动性能的马匹。

霍士丹马中等体格，成年马平均肩高在 163 ～ 173 厘米之间，以其拱形、高立的颈部和有力的后躯而闻名。它性情稳定，富有精神，具有较高的服从性，容易驾驭，是可靠的骑乘伴侣。其常见毛色有青色、骝色、棕色、栗色和黑色。识别霍士丹马最直接的方法是观察马匹左臀部的烙印，每一匹幼驹通过检查后，在颁发护照的同时还会在左臀烙上烙印。

虽然霍士丹马在欧洲种群数量不大，但出现过众多世界顶级障碍马、舞步马和三日赛马。它们同样在打猎、休闲骑乘以及轻驾马车中有着不俗的表现。

图 4-9
霍士丹马

（五）爱尔兰运动马（Irish Sport Horse）

爱尔兰运动马（图 4-10）又称爱尔兰猎马（Irish Hunter），原产于爱尔兰，正式成型于 1920 年，主要由纯血马与爱尔兰挽马繁育而成。最初其主要用于狩猎和务农，后来随着部分温血马血统的注入，使其成为更为优秀的运动竞赛马种。

爱尔兰运动马骨骼结构强壮，肌肉轮廓鲜明，四肢发育良好，面部凸起，眼睛大且有神，耳朵较长，颈部肌肉发达，微拱，肩部倾斜且长，胸腔较深，背部紧凑，尻部被肌肉覆盖，臀部强壮并且向下倾斜，高耸的鬐甲遗传自纯血马。该马毛色种类较多，其中以青色、黑色、骝色、栗色最为常见。成年马平均肩高 162～173 厘米，体重 600 公斤左右。

爱尔兰运动马集合了纯血马与爱尔兰挽马的全部优点，它聪明，有着出众的运动天赋，体格强壮，耐力良好，适应能力强，对人友善，对于初学骑马者而言是不错的选择。它在盛装舞步、三日赛、马术场地障碍以及休闲骑乘等领域都有着极高的需求。

图 4-10
爱尔兰运动马

（六）奥登堡马（Oldenburg）

奥登堡马（图4-11）是17世纪源自德国西北部下萨克森州的温血马种。这个品种最初被作为优雅的马车马，也会被用于农业、军事和骑乘。20世纪初，随着汽车的发明，育马者将繁育目标改为骑乘用马，他们通过将其与纯血马进行改良繁育，得到更为全能的多用途骑乘马匹。

奥登堡马骨架大，身体比例均衡，头部精致优雅，眼睛灵动，喉部略窄，脖颈倾斜修长，鬐甲高耸，肩部肌肉发达，上肢粗壮，关节结实，背部和尻部较长，后躯强劲，飞节粗大，系部灵活。常见颜色包括黑色、棕色和青色。成年马肩高160～170厘米，体重540～680公斤。

奥登堡马收缩良好，运动平衡，步伐轻盈富有节奏感，后肢前踏明显，前肢摆动自如，每一步都蕴含了充沛的能量，快步和跑步时的腾空清晰。这个马种勇敢、聪明，具有较强的运动能力，能适应各种马术运动项目，在2006年世界运动马繁育联盟（World Breeding Federation for Sport Horses）的国际赛事中位列最受欢迎的马种第11名。

图 4-11
奥登堡马

（七）塞拉·法兰西马（Selle Français）

塞拉·法兰西马（图4-12）源自法国诺曼底大区。在19世纪，法国育马者引进纯血马、诺福克快步马（Norfolk Trotters）与当地繁育母马进行杂交繁育，得到了昂格鲁-诺曼马（Anglo-Norman）和法国快步马（French Trotter），主要用于军事和拉马车，它们就是塞拉·法兰西马的最初原型。20世纪工业革命之后，工作用马的需求急剧降低，育马者将重心转为繁育顶级运动马。1958年，多个品种的法国骑乘马合并成为一个新的品种——塞拉·法兰西马。

塞拉·法兰西马身体强壮、结构匀称，头部平直或略微凸起，颈部略长，肩胛骨长且倾斜，胸腔深，四肢肌肉发达，后躯有力。平均肩高165～175厘米，体重550～650公斤，常见毛色有栗色、骝色、黑色和青色。

塞拉·法兰西马气质优雅，勇敢聪明，积极性强，学习能力突出。它们有着较强的运动能力，行进姿态平衡，步幅大，后肢踏进有力，能适于不同马术运动项目和骑乘需求。目前该马种最广泛用于马术场地障碍，但同时也能在盛装舞步、轻驾马车、马背体操以及越野赛见到其身影。

图 4-12
塞拉·法兰西马

（八）特雷克那马（Trakehner）

特雷克那马（图4-13）源于1732年在东普鲁士所建立的特雷克那育马场，距今已有300多年历史。该品种原本是敦实、强壮的本土马种，直到19世纪早期，纯血马和阿拉伯马血统被引入用于改良，得到了更具耐力、体格更为高大的马种。

特雷克那马气质高贵、姿态优雅，头部呈精致的凿子形，口鼻处略窄，前额宽大，眼睛透亮散发着灵性，颈部匀称，肌肉线条清晰，后躯强壮。成年马肩高在157～173厘米之间，体重500～550公斤。常见毛色包括骝色、青色、栗色和黑色。

特雷克那马有着极好性情，对人十分友善，具有较高的服从性，它们积极勇敢，能吃苦，运动能力出众。它的步伐轻柔，富有弹性，强壮的肌肉赋予其优异的推进力和腾空，这些品质使其在盛装舞步的赛场上大放异彩。同时它也是一种理想的、现代的、全能的竞赛马种，在1936年的柏林奥运会上，德国马术队用马由特雷克纳马组成，它们赢得了所有马术项目的奖牌。

图 4-13
特雷克那马

（九）安达卢西亚马（Andalusian）

安达卢西亚马（图4-14）又称纯西班牙纯种马（Pure Spanish Horse），是伊比利亚半岛的马品种，是一个古老的马种，其起源可追溯到古罗马和古希腊时期。该马种因其出众的外表和充沛的能量，深受西班牙和葡萄牙皇室的青睐。安达卢西亚马的祖先是生活在西班牙伊比利亚半岛的伊比利亚马（Iberian horse），在公元前450年它们曾是出色的战马。在历经了长时间的改良繁育后，15世纪安达卢西亚马正式成为了一个独立的马种。

安达卢西亚马中等身高，肌肉发达，身体紧凑。它们的头部细长，气质优雅，轮廓笔直或略显棱角，脖颈高抬且肌肉发达，臀部肌肉健硕，肩膀倾斜，背部精短且线条清晰。它们有着浓密、柔顺的鬃毛和尾巴，精致的毛发覆盖全身，常见毛色有浅灰色或白色，偶尔也会见到骝色、黑色或栗色。成年马平均肩高155～162厘米，体重400公斤左右。

多年来，安达卢西亚马作为战马因其耐力而受到重视，在战争时有着重要地位。如今，它们因其高挑、优雅的姿态，柔韧有力的步伐，广泛地活跃在盛装舞步、场地障碍、越野赛的赛场上。在西班牙和葡萄牙，它们经常被用作斗牛坐骑。

图 4-14
安达卢西亚马

（十）利比扎马（Lipizzaner）

利比扎马（图4-15）源自十六世纪哈布斯堡帝国，是欧洲最具文化意义的马品种之一。利比扎马得名于奥地利帝国的利比扎牧场，曾是奥匈帝国的一部分。该马种的起源最早在1580年，详细的繁育记录始于1700年。影响其血统的马种包括西班牙马、阿拉伯马和柏布马。

利比扎马体型略小，背部修长，脖颈粗短，整体结构强壮有力。它们头长，头部轮廓立体，双目有神，下额明显，脖颈呈弓形与肩部平滑过渡，鬐甲宽大，肩部肌肉发达，胸部宽而深，臀部宽阔，尾部较高。腿部强健且肌肉发达，关节较大，肌腱匀称，蹄子较小且坚韧。成年马平均肩高152～164厘米，体重450～585公斤。利比扎马以青色为主，骝色和黑色极为少见。

利比扎马温顺的性格和勤于工作的态度使其被广泛用于高水平竞技骑乘当中。如今，该马种与位于奥地利维也纳的西班牙骑术学校紧密联系，因其超凡的经典盛装舞步表现而享誉全球。

图 4-15
利比扎马

（十一）威斯特法伦马（Westphalian Horse）

威斯特法伦马（图4-16）最初起源于19世纪初的德国，是为了战争而诞生的马种。1826年，位于德国瓦伦多夫的国立种马场成立，致力于繁育战马和高品质骑乘马。后来，为了满足当地人工作需求，人们将威斯特法伦马与体格更魁梧的冷血马进行杂交，得到了适合骑乘和拉车的轻型挽马。20世纪，需求再次发生改变，适合骑乘成为了唯一要求，育马者引入汉诺威马血统以减轻威斯特法伦马体型，使其更具骑乘性和运动性。

威斯特法伦马体型较其他温血马略轻，但它同样有着肌肉发达的强壮后躯，脖颈高耸于鬐甲之上，肩部角度适中，步幅大，步态轻盈且极富弹性。成年马平均肩高157～178厘米，体重450～590公斤。该马以骝色、黑色和栗色纯色毛发最为常见，极少数是青色。

如今，威斯特法伦马的繁育方向侧重于高骑乘性运动马，它们被广泛用于休闲骑乘和盛装舞步以及场地障碍比赛当中。2010年，世界运动马繁育联盟将威斯特法伦马在场地障碍赛中排名第六、盛装舞步排名第五、三日赛排名第十二。

图 4-16
威斯特法伦马

（十二）瑞典温血马（Swedish Warmblood）

瑞典温血马（图4-17）是原产于瑞典的温血马种。12世纪，丹麦教主阿布萨隆在瑞典南部开展马匹繁育工作，用于繁育战马。500年后，查理十世在此建立种马场。17世纪，瑞典育马者看到了霍士丹马和西班牙马的运动特性，同时希望当地的马种也能具备如此特点。于是他们引进纯血马、阿拉伯马、特雷克那马和汉诺威马与本土马匹杂交繁育。在接下来的200年中，育马者持续引入其他马匹血统，以稳定瑞典温血马外形和基因型。

瑞典温血马可以是任何纯色，常见的毛色有栗色、棕色和骝色，青色和沙色较少，纯黑色极为稀少，毛发伴有白色斑纹。成年马平均肩高162～172厘米，公马通常略高于母马，平均体重460公斤左右。瑞典温血马头部精致、颈部优雅、身体紧凑、背部笔直、四肢修长、管骨较短，具有较强运动能力。

瑞典温血马因其可靠、温和、稳定和友好的特点而闻名。它们平稳的步态、顺滑的动作，深受骑手们喜爱。在盛装舞步、场地障碍、三日赛和轻驾马车等马术运动项目上它们也有着不错的表现。

图 4-17
瑞典温血马

（十三）丹麦温血马（Danish Warmblood）

丹麦温血马（图 4-18）是来自丹麦的运动马，其起源可追溯到 17 世纪。1962 年，丹麦温血马协会和血统登记薄建立，致力于繁育优秀的运动马。当时丹麦已有众多类型的母马可供使用，因此繁育的重心是引进优质的种公马，包括瑞典温血马、特雷克那马、汉诺威马和霍士丹马。它们与腓特烈堡马、盎格鲁 - 诺曼马和纯血马的血统结合在一起，在非常短的时间内，形成了一个稳定的马种类型。很快丹麦温血马以其出众的身体结构和运动能力，证明了自己的价值与天赋。丹麦温血马的成功育种，得益于严格的种公马筛选制度，每年有近 300 匹种公马接受检查，但最终仅有 25 匹左右能获得配种权。

丹麦温血马身体精致纤细，结构平衡，头部美观。它们四肢修长且强壮有力，肩部自然倾斜，中等长度的脖子肌肉丰满，鬐甲高耸，胸腔宽大且深，背部结构紧凑结实。成年马匹平均肩高 160 ～ 173 厘米。其毛色可以是任何纯色，其中最常见的是骝色，其他颜色还包括栗色、青色和深骝色，有些马匹会出现白色斑纹。

如今，丹麦温血马是广受欢迎的运动马种，它们在国际场地障碍、盛装舞步、越野赛、三项赛当中有着出色的表现。为期五天的丹麦温血马种公马展示已然成为欧洲马术行业内最为盛大的活动之一。现在，丹麦温血马不仅仅在欧洲流行，在美洲和澳洲也开始流行，全球每年有约 3500 匹马驹出生。

图 4-18
丹麦温血马

（十四）伊犁马（Yili Horse）

伊犁马（图4-19）原产于中国新疆维吾尔自治区伊犁哈萨克自治州，在1936至1942年间，以及1949年以后，由前苏联所引进的奥尔罗夫马、顿河马、布琼尼马等与新疆伊犁当地哈萨克马改良繁育而成。

伊犁马头部大小适中，前胸宽广，腰背平直，尻部向下倾斜，四肢健壮，蹄肢结实，赋予该马较强的速度和耐力。常见毛色以骝色为主，栗色和黑色次之，青色及其他颜色较为少见。成年公马平均身高148厘米，体重412公斤；成年母马平均身高141厘米，体重373公斤。

伊犁马性情温顺，持久力和速度兼优，可用于骑乘和劳作。在运动竞技方面主要用于速度赛和走马比赛；在生产劳动中可用于驮运货物，最大挽力达400千克；在马产品生产加工中可用于生产马奶和马肉。

图 4-19
伊犁马

三、冷血马 （Cold Blood Horse）

冷血马就是挽马，传统上用于农耕、劳作和拉马车。长期以来，它们以其沉稳、随和的性格受到人们推崇。当前有近百个马种属于冷血马，当中最广为人知的包括：

- 美国奶油重挽马 （American Cream Draft）
- 比利时重挽马 （Belgian Heavy Draft）
- 黑森林马 （Black Forest Horse）
- 克莱兹代尔马 （Clydesdale）
- 弗里斯兰马 （Friesian）
- 哈弗林格马 （Haflinger）
- 诺里克马 （Noriker）
- 佩尔什马 （Percheron）
- 夏尔马 （Shire）
- 萨福克马 （Suffolk Punch）
- 阿尔登马 （Ardennes）

（一） 美国奶油重挽马 （American Cream Draft）

美国奶油重挽马（图 4-20）原产于美国爱荷华州，它是美国唯一一个被繁育出来的挽马马种。所有的美国奶油重挽马都是一匹叫作"老奶奶"（Old Granny）的母马的后代，1911 年，马匹交易员哈利·拉金（Harry Lakin）在拍卖会上购得此马，并将其与其他挽马进行繁育，它的后代都有着奶油毛色以及琥珀色眼睛。

奶油色的毛色，白色的鬃毛和尾巴是美国奶油重挽马最独特的特征，它们头部精致、眼睛大而宽，口鼻扁平，胸部肌肉发达，体格紧凑，后躯强壮，肋骨有弹性，头、腿与身体比例协调。成年母马肩高 152～163 厘米，体重 680～730 公斤，成年公马肩高 163～170 厘米，体重在 820 公斤左右。

美国奶油重挽马适应能力强，易于训练，有较强的工作意愿，历史上广泛用于酿酒厂中的劳作、马戏团表演和牛奶运输。如今，该马种在马车、马背格斗、休闲骑乘和野骑等领域广受欢迎。

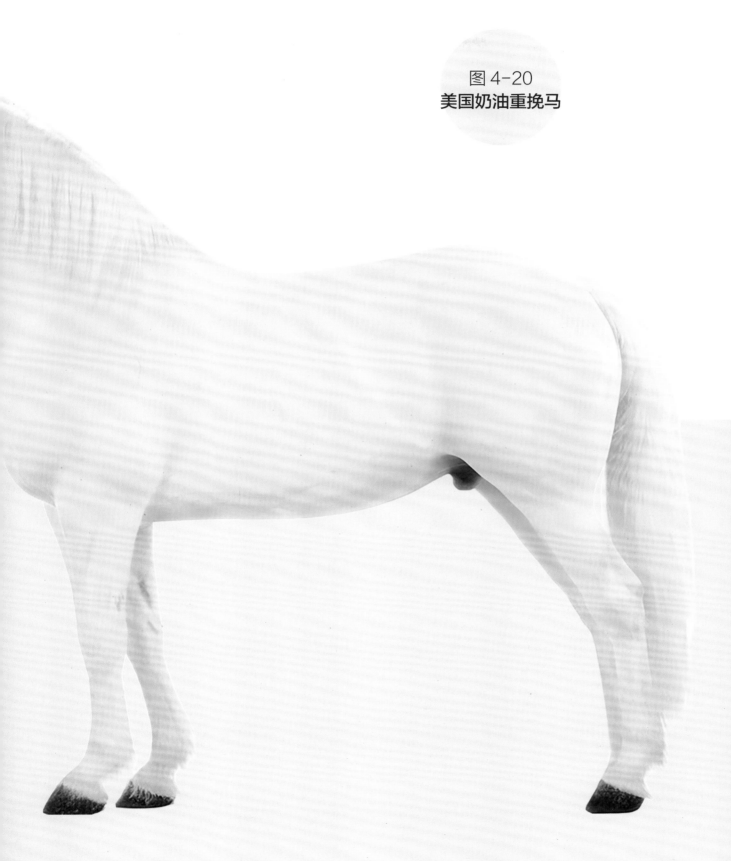

图 4-20
美国奶油重挽马

（二）比利时重挽马（Belgian Heavy Draft）

　　比利时重挽马（图4-21）来自比利时布拉班特地区，是弗拉芒马（Flemish Horse）的后裔，中世纪骑士策骑这种巨型战马驰骋战场，它也是如今现存绝大多数挽马的祖先。另一个对比利时重挽马有较大影响的是布拉班特马（Brabant），它们体格更大，主要用于农作。17世纪，比利时人开始正式繁育比利时重挽马，主要应用于农作和工业运输。1885年，5位较有影响力的育马者建立了国立马血统簿，将弗拉芒马和布拉班特马纳入一个马种——比利时重挽马。

　　比利时重挽马是世界上最大的马种之一，成年马平均肩高达162～172厘米，体重900公斤左右。它们身体紧凑，脖颈相对较短，头部比例匀称，背短且宽，四肢短而粗壮且被毛发覆盖，强大的腰部连接到巨大的后躯，给强壮的肩部提供了更多的动力，常见毛色有栗色、骝色、黑色和灰色等。

　　比利时重挽马温顺友好，易于相处，它勇敢、聪明，有着较强的自我意识和较高的忠诚度。如今比利时重挽马仍以劳作为主，也能在休闲骑乘的场景偶见到其身影。

图 4-21
比利时重挽马

(三) 黑森林马 (Black Forest Horse)

黑森林马（图 4-22）是来自德国南部巴登符腾堡州黑森林地区的一种稀有的轻型挽马。它的起源可以追溯到 600 年前，该马种的祖先结实、强壮，能够抵御寒冬的侵袭，胜任在高地和农场的工作。该马种被精心改良和保护，并于 1896 年建立血统薄。但随着工业革命的发展，机械和交通工具逐渐将其取代，导致黑森林马的数量显著减少。如今，全球注册在案的黑森林母马共计 700 余匹。

黑森林马属于中轻型挽马，成年马体重在 560 ～ 630 公斤之间，成年母马肩高 146 ～ 154 厘米，成年公马可长到 162 厘米。深栗色被毛配以亚麻色鬃毛和尾巴是其标志性特征。该马种头部较短，颈部健硕，肩部向后倾斜，臀部较宽，步态较大，蹄肢和关节部位强壮。

黑森林马因其出色性情、温婉姿态而闻名，它舒展的步幅和优雅的步态使其不仅成为马车运动理想的选择，同时是一个优秀的骑乘伙伴。

图 4-22
黑森林马

（四）克莱兹代尔马（Clydesdale）

克莱兹代尔马（图4-23）源自苏格兰拉纳克郡，得名于该地区克莱德河，属于重型挽马。其历史可追溯到18世纪中期，由当地本土马与弗拉芒马（Flemish Horse）杂交繁育而成，后期夏尔马也被引入用于马种改良，其后代主要用于农耕和拖拉重物。克莱兹代尔马协会于1877年成立，19世纪30年代开始进行马种注册。

成年克莱兹代尔马平均肩高173～180厘米，体重900公斤。常见毛色有骝色、深棕色或黑色，面部有明显的白色流星。该马种肌肉发达，强壮有力，颈部呈弓形，鬐甲高耸，肩部倾斜。克莱兹代尔马最显著的特点就是它的大马蹄，成年纯血马马蹄仅有其1/4大小。除此以外，它的四条腿上的长毛是其第二大特点。

克莱兹代尔马生性友好，处事冷静且非常聪明。现在用于骑乘和轻驾马车，以及农业工作和伐木。它们身材高大、步态灵巧、外表华丽，在慢步和快步时抬腿高，给人一种印象深刻的自信感，深受新一代马爱好者的喜爱。

图 4-23
克莱兹代尔马

（五）弗里斯兰马（Friesian）

　　弗里斯兰马（图 4-24）是欧洲最早驯化的马种之一，发源于荷兰王国的弗里斯兰省，其祖先是早在冰河世纪就出现的雄海马（Equus Robustus），当地人驯化其后代用于骑乘和农作。17 世纪初期，人们使用阿拉伯马与雄海马后代进行杂交用于改良，而后西班牙安达卢西亚马的引入也对该马种发展产生了较大影响。和绝大多数马种不同，弗里斯兰的系谱中并不含有英国纯血马血统。

　　弗里斯兰马因其长长的、柔顺的鬃毛和尾巴闻名，靠近马蹄处同样也长有较长的毛发。另一个特点是它们高高抬起的头和完美弧线的颈部，让人能够感受到它们的自信，这也是曾经皇室青睐它们的主要原因。纯正的弗里斯兰马通体全黑，除头部以外身体其他地方不能出现白斑。成年马平均肩高在 154 ～ 170 厘米之间，母马体重可达 590 公斤，公马根据体型不同会相对更重。

　　和它外貌一样出众的还有其性格，弗里斯兰马优雅大气，积极主动，这也使其成为了出色的观赏马和伴侣马。与此同时，它还在盛装舞步的赛场上有着不俗的表现。

图 4-24
弗里斯兰马

（六）哈弗林格马（Haflinger）

哈弗林格马（图4-25）在19世纪正式出现在阿尔卑斯山脚之下，其历史非常简单，每一匹哈弗林格马的血统都可以追溯到19世纪70年代一匹名叫Folie的金色种公马。这匹著名的马于1874年出生在哈弗林格村的国家种马场，父系是阿拉伯半血种公马，母系是当地提洛尔母马(Tyrolean mare)。第二次世界大战期间，为了满足军用驮运需求，育马者专注于小而壮的繁育方向。战争结束后，人们开始繁育如今所看到的更高大、更优雅的现代哈弗林格马。

哈弗林格马有着纤细的头部和大大的耳朵，一双眼睛炯炯有神，口鼻处较宽。它们四肢笔直且匀称，马蹄小而坚硬、胸腔深、背部壮、鬐甲高，有利于驮运重物。哈弗林格马的毛色只有栗色，鬃毛和尾巴呈白色或亚麻色。成年马的肩高在138～150厘米之间，平均体重350～600公斤。

哈夫林格马以其善良、温和的天性而闻名，它们性情稳定，不易受惊，适合所有年龄和水平的骑手，是较受欢迎的盛装舞步、场地障碍和西部马术用马。它们温和的性情和亲人的个性也使它成为治疗性骑乘用马的理想选择。

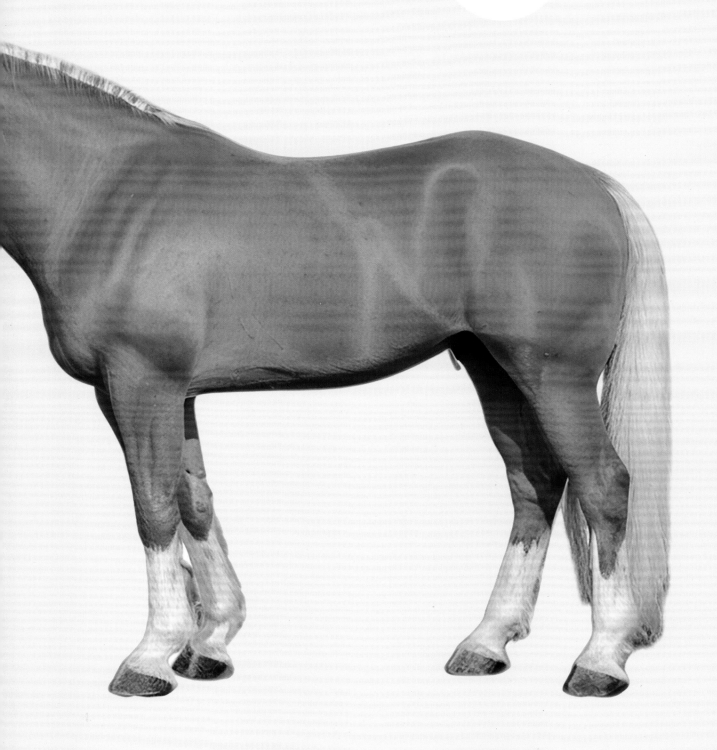

图 4-25
哈弗林格马

（七）诺里克马（Noriker）

诺里克马（图 4-26）是产于奥地利阿尔卑斯山麓的挽马，作为欧洲古老的马种，发展至今已有 2000 余年。最初罗马人建立了诺里库姆省，并将罗马重挽马引进到高山地区，与当地的凯尔特马（Celt Horse）进行杂交，繁育出诺里克马。随着时间发展，诺里克马被不断改良，如今该马种可分为五大品系，各品系之间在外貌、性格和结构上仅存在轻微差异。

诺里克马是具有较大体格、富有力量的中型重挽马。其面部轮廓立体，鬃毛和尾巴飘逸，脖颈强壮且长度适中，胸腔深、鬐甲高，柔韧的背部为其带来了惊人的拉力，后躯强壮且尻部肌肉极为发达，四肢关节强壮并伴有少许长毛。诺里克马有六大基本毛色：黑色（34%）、骝色（26%）、栗色（22%）、斑点（9%）、沙色（7%）和双色（2%）。成年马平均肩高 154 ～ 162 厘米，体重 700 公斤左右。

诺里克马是为在艰难环境中工作而繁育，它们勇敢、能吃苦、耐力强，能够克服恶劣条件，如今它们是阿尔卑斯森林员和伐木工的主要工作用马。同时，因其冷静的个性和易于相处的性格，也让它们成为了拉马车和休闲骑乘的不错选择。

图 4-26
诺里克马

（八）佩尔什马（Percheron）

佩尔什马（图 4-27）是原产于法国诺曼底地区佩尔什省的重型挽马。关于该马种的确切起源目前难以定论，但多数学者认为佩尔什马的基础马种是在战争期间被带到佩尔什省，同时阿拉伯马对该马种的血统也起到了较大的影响。1823 年出生的 Jean Le Blanc 是第一匹被正式认定为佩尔什马种的马，现在所有佩尔什马都是它的后代。

佩尔什马头大、轮廓清晰、双目传神、口鼻宽、下颚有力、耳朵精致，彰显高贵气质，其宽大的胸腔、圆润的肋部，粗短的腰背和健硕的后躯是其力量的源泉。成年马平均肩高在 163 ～ 173 厘米之间，体重 860 ～ 950 公斤。常见毛色为黑色和灰色，其他颜色还包括骝色、沙色和栗色。

佩尔什马是典型的"温柔巨人"，它们性情温顺，个性骄傲。虽然这个品种有冷静的气质，但它们并不迟钝。它们的工作意愿和适应能力使这个品种成为喜欢大马的马术者绝佳伙伴。如今，在机械工具不便使用的地方，佩尔什马仍在农业和伐木工作中发挥着重要作用。

图 4-27
佩尔什马

（九）夏尔马（Shire）

夏尔马（图4-28）是来自英格兰的一种美丽、高大、温和、高贵、强壮的挽马。英国巨马（The British Great Horse）——一种中世纪的战马，被广泛认为是夏尔马的祖先，它能驮着总重量近180公斤的铠甲骑士英勇应战。18世纪，人们将英国的种公马与来自荷兰的母马进行杂交，以改良夏尔马用于农作和驮运。

夏尔马体格高大，身躯厚实肥大粗壮，成年马平均马肩高在163～173厘米之间，体重可达850～1100公斤。常见的毛色有黑色、骝色、棕色、灰色和沙色。夏尔马头部长，长着一双大眼，颈部略呈弓形，与身体比例相称。肩部深而宽，胸部宽大，背部短且肌肉发达，有着较长的后躯和发达的肌肉。腿部的丛毛细、直且丝滑。

夏尔马因其友好、随和的性格而闻名，它们沉稳冷静，不易受惊。如今，夏尔马是广受欢迎的拉车马和骑乘马，许多观光马车和休闲骑乘项目都会选择使用它们。它们还是小型拖拉机的环保替代品，在伐木和酿酒行业中发挥运输作用。

图 4-28

夏尔马

（十）萨福克马（Suffolk Punch）

萨福克马（图 4-29）是源自英国萨福克郡的一种最小的挽马品种。作为中世纪"巨马"的后代，萨福克马种历史悠久，相较于其他挽马，它与其他品种杂交较少。所有在英国和北美注册的萨福克马血统都可以追溯到一匹 1768 年出生叫"Crisp's Horse"的种公马。英国萨福克马协会于 1880 年成立，同年，该马种被引进到美国。

成年萨福克马肩高 157～168 厘米，体重 725～900 公斤，它们的毛色只有栗色。萨福克马相较于其他挽马体格较小，但身上却有着更多的肌肉。它们强壮有力，脖子呈弓形，倾斜的肩部被厚实的肌肉覆盖，背部短而宽，后躯粗大，肌肉丰满。四肢短而粗，蹄形精致，球节处有少许丛毛。

萨福克马精力充沛，尤其是在快步时步伐轻盈、孔武有力。该马种属于早熟型，寿命较长，较其他马种所需饲料更少，更具经济性。早期萨福克马主要用于耕地和拖拉马车，如今越来越多的人选择它们用于骑乘和狩猎。

图 4-29
萨福克马

（十一）阿尔登马（Ardennes）

阿尔登马（图 4-30）是最古老的挽马马种之一，来自于比利时、卢森堡和法国的阿尔登地区，是一种重型挽马。阿尔登马有着丰富的历史，最早可追溯到古罗马，据说是凯撒大帝骑兵所使用战马的后裔。该品种起源于阿尔登平原。早期该品种体格较小，肩高 140 厘米左右，后来引入阿拉伯马、佩尔什马和纯血马的血统，用于改良其耐力和体型。到 19 世纪，该马种逐渐趋于我们现在所见的阿尔登马。1929 年，其血统登记薄建立，并沿用至今。

阿尔登马强壮有力，体重在 700 ～ 1000 公斤之间，平均肩高 162 厘米左右。其体型较其他挽马更宽，头大且轮廓明显，口鼻处宽，眼神机灵，耳朵略小。脖颈弓形明显，长宽比例协调。胸腔宽大且深，背部紧凑、肌肉发达、腰部厚实、后躯格外发达。肩部较长，四肢略短但强壮有力，马蹄周围有丛毛覆盖。骝色和沙色是该马种最为常见的毛色，其他毛色还包括栗色、青色和淡黄色。

从 11 世纪至第一次世界大战，阿尔登马在战争中一直发挥着重要作用，如用于战马骑乘和运送战争物资。同时它们也被作为基础马种用于繁育其他冷血马和温血马。如今，它们更多地被用于治疗性骑乘用马、拉马车、农作和休闲骑乘。因其肉量充足，也被用于肉用马。

图 4-30
阿尔登马

四、野马（Wild Horse）

野马属于马属类物种，曾主要生活于欧亚大陆北部的开阔地带。相较于被驯化的马种，野马体型较小，腿短，平均肩高在120～130厘米。公元前2000年，野外种群的马开始被人类驯化，而一部分仍然处于野生环境的马种则已灭绝。19世纪初期，两种野马依旧存在：欧洲野马和普氏野马。如今，"野马"一词则更多地表示能自由活动的野生马匹。

- 普氏野马（Przewalski's Horse）
- 欧洲野马（Tarpan）
- 美洲野马（Mustang）
- 索雷亚马（Sorraia）
- 柯尼克马（Konik）
- 纳米布沙漠马（Namib Desert Horse）

（一）普氏野马（Przewalski's Horse）

普氏野马（图4-31），起源于亚洲，是目前世界上唯一幸存下来的野生马种，1881年正式定名，为中国一级重点保护野生动物，现主要分布在中国新疆和内蒙古的草原、戈壁以及沙漠中。

普氏野马体型紧凑健硕，平均肩高110厘米、体重350公斤，头大且短，额头和颈部鬃毛短且直立，脖颈粗短，背部平坦，四肢粗短。常见毛色有淡黄和茶色，鬃毛、尾巴和小腿下部呈黑色。与普通家马有64条染色体不同，普氏野马有66条染色体。

普氏野马生性机警，善于奔袭，属于群居性动物。在草原、戈壁和沙漠中以芨芨草、梭梭、芦苇、红柳等为主要食物。目前普氏野马存栏量仅为2000多匹，其中中国700多匹，主要由人工饲养和放养。

图 4-31
普氏野马

（二）欧洲野马（Tarpan）

欧洲野马（图 4-32）中世纪时在中欧偏远地区小范围生存，于 20 世纪初灭绝。它们的活动范围曾覆盖法国南部、西班牙东部和俄罗斯中部。该马种起源于冰河世纪，是野马的一个亚种。据说公元前 3000 年，它们在俄罗斯被驯化。大量证据显示，许多欧洲马和俄罗斯马都是驯化后欧洲野马的后裔。随着人口数量的增长，欧洲野马的栖息地不断缩小。人类也会因为食物和保护农作物而猎杀它们。19 世纪，欧洲野马到了灭绝的边缘，1909 年最后一匹欧洲野马死于俄罗斯。

欧洲野马毛色有鼠黄色和棕褐色，面部和腿部的毛色比身体颜色更深。鬃毛和尾巴为淡黄色，鬃毛半直立，背部中间有黑色条纹穿过。它们头大、下颚宽、脖子粗、背部短而强壮、鬐甲很低，蹄子呈黑色且非常坚硬，平均肩高在 132 厘米左右。

欧洲野马灭绝后不久，波兰努力保护原始的杂交品种，这些品种在当地农民手中幸存下来，仍然具有许多欧洲野马的的特征，叫做柯尼克马（Konik）。历史上共有 3 次重新繁育欧洲野马的尝试，虽然这些繁育的马也属于野马科，但从遗传学的角度上它们永远无法代替欧洲野马的基因独特性。

图 4-32
欧洲野马

（三）美洲野马（Mustang）

美洲野马（图 4-33）生活在美国西部，起源于西班牙马，由欧洲殖民者带到美国。它们中的一部分逃至野外，一部分被放归自然，其他的则被捕获和交易。逃至野外的马成群生活，并随着美国的发展被逐渐赶向西部。1971 年，《野生马和驴自由放牧法案》颁布，用以保护野马免受猎杀、毒害和骚扰。同时，美国土地管理局开始围捕和收养野马，以帮助管理野马。

美洲野马身体比例协调、通体干净、头部精致、前额较宽、口鼻略小。面部轮廓笔直或有轻微凸起。鬐甲高度适中，肩部长且倾斜。背部短，胸腔深，腰部两侧肌肉发达。后躯圆润，形态适中，尾部较低。四肢长且强壮，蹄圆而密。成年马平均肩高 142 ～ 152 厘米，体重 315 ～ 405 公斤，常见毛色包括暗褐色、棕褐色、驼色或鹿皮色。

目前全球美洲野马数量在 5 万匹左右，它们奔跑的最高时速可达 56 千米 / 小时。它们也是寿命最长的马种之一，最长可达 40 年。关于美洲野马是属于野生马匹还是野马仍存在较大分歧。

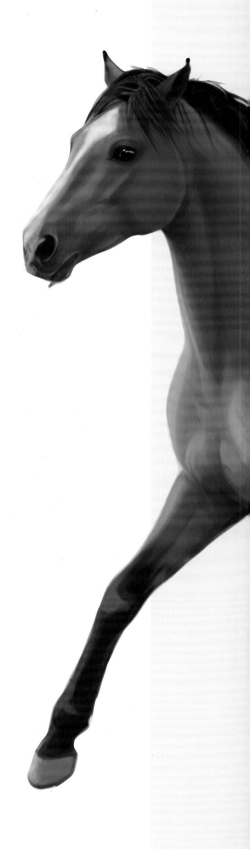

图 4-33
美洲野马

（四）索雷亚马（Sorraia）

索雷亚马（图4-34）来自葡萄牙，是世界上最稀有的马种之一。它们起源于伊利比亚半岛，与美洲野马存在着紧密联系；虽然在基因构成上存在差异，但研究认为它们与欧亚草原的欧洲野马和普氏野马也有着遥远的血缘关系。最后一个冰河世纪前的壁画上的马与如今的索雷亚马极其相似，这也帮助科学家认定其为古老的马种。1920年葡萄牙古生物学家和动物学家鲁伊·德安德拉德博士发现该马种，并以发现该马种之处附近的索雷亚河来命名。当地人捕获索雷亚马用于放牛和农作。鲁伊·德安德拉德博士和他的儿子意识到该马种处于濒临灭绝的处境，便于20世纪30年代开始针对索雷亚马制定保护繁育计划。如今所有的索雷亚马都是德安德拉德繁育计划中的后裔。

索雷亚马体格较小，最高可长到肩高146厘米。它们胸腔深但狭窄，四肢笔直，蹄子坚硬。头部轮廓棱角分明，眼睛较高，耳朵大。常见背部有黑色条纹，耳尖呈黑色，腿上有水平的条纹，深色的口鼻与褐色或灰色的被毛相衬。成年马的颈部和胸部有条纹，因此被当地人称为"斑马"。这些斑纹在小马身上更为突出，通常被称为"毛纹"。双色鬃毛和尾巴也较为常见。

索雷亚马血统簿建立于2004年。该马种如今主要分布在葡萄牙和德国。美国曾将索雷亚马与美洲野马进行繁育以得到美洲索雷亚野马（American Sorraia Mustang）。

图 4-34
索雷亚马

（五）柯尼克马（Konik）

柯尼克马（图 4-35）是源自波兰的一种半野生马种。有学者认为该马种是欧洲野马与当地挽马杂交所得的后代，但通过遗传学研究发现它们之间并没有紧密的联系，而是与另一种驯化马的基因更为相似。第一次世界大战中，这种马被俄罗斯和德国用于物资运输。1923 年，波兰农学家 Tadeusz Vetulani 注意到该马种，并为其命名为柯尼克马，当地语言意义为"小马"。

柯尼克马体格较小，但身体结构强壮敦实，成年马平均肩高 130 ～ 140 厘米，体重 350 ～ 400 公斤。它们的头小且轮廓笔直，脖颈位于胸部略下方，胸腔较深，鬃毛厚密，毛发呈灰褐色，俗称"鼠灰色"。

在第一次和第二次世界大战之间，德国兄弟 Lutz 和 Heinz Heck 将普氏野马种公马与柯尼克马、冰岛马、哥特兰矮马以及迪尔门矮马进行杂交，繁育出一种外形酷似欧洲野马的马种。此外，一些育马者将科尼克马与纯血马或盎格鲁 - 阿拉伯马杂交，以提高它们的骑乘体验。如今，柯尼克马因其矮小的身材和稳定的性情，已成为理想的小朋友骑乘用马。

图 4-35
柯尼克马

（六）纳米布沙漠马（Namib Desert Horse）

纳米布沙漠马（图 4-36）是来自纳米比亚沙漠的一个野生马种，也是非洲唯一一个野生马种群，数量在 90～150 匹之间。关于纳米布沙漠马的起源到有几种不同的说法。其中一种说法认为，一艘运载纯血马前往澳大利亚的货轮在非洲南部的奥兰治河失事，最强壮的马游上岸，来到了纳米比亚的加鲁布平原；另一种说法则认为，它们是科伊科伊人从南非去往奥兰治河北部所骑乘马匹的后代。但最有可能的说法是纳米布沙漠马是由逃跑的南非军用马和在纳米比亚繁育的德国马杂交而成。

纳米布沙漠马最常见的颜色是骝色，其他常见颜色还包括栗色和棕色，黑色极为少见，在它们的遗传基因中没有青色。它们有着出色的运动能力，肌肉发达，骨骼强壮。背部较短，肩部倾斜，鬐甲高度适中。它们的头部、皮肤和毛发与驯化马较为相似，总体上身体结构较为良好。

纳米布沙漠马的活动范围很广，为了寻找水、食物和住所，它们要走 15～20 公里。作为沙漠野马，夏天他们可以 30 小时不喝水，而在冬天更是长达 72 小时。

图 4-36

纳米布沙漠马